Adithya Acharya
Shashikantha Gosada

A fábrica na sua secretária

Adithya Acharya
Shashikantha Gosada

A fábrica na sua secretária

Introdução ao mundo da impressão 3D

ScienciaScripts

Imprint

Cover image: www.ingimage.com

This book is a translation from the original published under ISBN 978-3-659-87649-3.

Publisher:
Sciencia Scripts
is a trademark of
Dodo Books Indian Ocean Ltd. and OmniScriptum S.R.L publishing group

120 High Road, East Finchley, London, N2 9ED, United Kingdom
Str. Armeneasca 28/1, office 1, Chisinau MD-2012, Republic of Moldova, Europe
Managing Directors: Ieva Konstantinova, Victoria Ursu
info@omniscriptum.com

Printed at: see last page
ISBN: 978-620-8-63955-6

Índice:

Capítulo 1 4

Capítulo 2 6

Capítulo 3 8

Capítulo 4 11

Capítulo 5 20

Capítulo 6 35

Capítulo 7 39

Capítulo 8 41

Agradecimentos

Muitas pessoas ajudaram-me a escrever este livro. Uma menção especial vai para Max Brigden, que dirige a secção de joalharia da Myminifactory.com, pelo seu apoio contínuo na recolha de dados e na investigação na área da joalharia impressa em 3D e da joalharia fundida. Ele e a sua equipa do Myminifactory.com ajudaram-me imenso a escrever este livro. Gostaria também de agradecer à minha equipa na Universidade de Botho, aos meus alunos e aos meus colegas pelo seu apoio.

Por último, mas não menos importante, gostaria de agradecer à minha família por me ter encorajado a escrever este livro.

AdithyaAcharya

Professor, Design de jóias

Universidade de Botho

adithya.acharya@bothouniversity.ac.bw

ShashikanthaGosada

Professor, Design de jóias

Universidade de Botho

shashi.gosada@bothouniversity.ac.bw

3D
RAPID PROTOTYPING

3D SCANNING

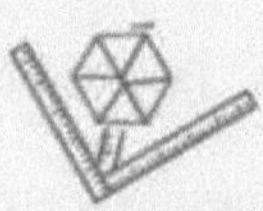

3D
RAPID CUSTOMIZATION

BIO PRINTING

ADDITIVE MANUFACTURING

DESKTOP MANUFACTURING

Capítulo 1

Introdução

O que é a impressão 3D?

É talvez a invenção mais revolucionária desde a imprensa há 600 anos. A impressão 3D tem sido espantosa. É um método de conversão de um objeto 3D virtual num objeto físico. São utilizados termos diferentes, como impressão 3D, fabrico aditivo ou prototipagem rápida, mas, em geral, significam basicamente o mesmo. Parece ficção científica, mas já está a ser utilizada e veio para ficar. No entanto, ainda não arrancou e há uma razão específica para isso: o software é difícil de utilizar. Pode ser muito complicado em termos de interface ou, por vezes, o software não oferece o suficiente para um designer criar algo realmente complexo. Uma coisa é descarregar um modelo pré-fabricado e imprimi-lo numa impressora e outra coisa é desenhar algo por si próprio e imprimi-lo na sua impressora. É aí que reside a discrepância e é por isso que a impressão 3D ainda não arrancou.

O conceito de impressão 3D é simples: tal como uma impressora normal utiliza tinta para imprimir em papel, a impressora 3D imprime materiais como plástico, metal, resinas ou mesmo betão para formar um objeto tridimensional. Mas, em vez de imprimir uma camada como uma impressora normal, a impressora 3D utiliza uma tecnologia designada por fabrico aditivo, em que um objeto é criado adicionando camada a camada, uma de cada vez, até ser criado o objeto completo. Podem ser empilhadas várias camadas umas sobre as outras para criar estruturas complexas. A indústria está a entrar numa nova fase em que não nos limitamos apenas ao plástico para impressão. Nos últimos anos, a impressão 3D está a entrar no negócio da entrega de materiais. Não só podemos entregar plásticos, como podemos agora entregar metais, alimentos, resinas, materiais tipo borracha ou combinações de vários materiais

O mais difícil para alguém que se inicia na impressão 3D é aprender efetivamente a desenhar modelos 3D. Existem centenas de softwares de modelação 3D no mercado. O Rhinoceros 3D oferece a melhor solução, uma vez que possui algumas das mais poderosas funcionalidades de desenho 3D. Tem 4 interfaces: Topo, Direita, Frente e Perspetiva. A modelação pode ser efectuada em qualquer uma das interfaces. O Rhino tem muitos plug-ins que podem ser utilizados como assistentes na conceção de um modelo. O Rhino pode ser utilizado para criar todo o tipo de modelos, desde o design industrial, ao design de jóias, ao design automóvel, etc.

Capítulo 2

Impressão 3D: Antes e agora

A impressão 3D existe há quase tanto tempo como a impressão a jato de tinta, que foi inventada em meados de 1970, mas foi em 1986 que foi vendida a primeira impressora 3D com um aparelho de estereolitografia (STL) ou SLA, que era utilizado para fazer modelos com peças de máquinas e afins a partir de camadas de plástico líquido que eram curadas com laser UV.

Nos anos 90, utilizavam-se materiais e métodos como pós, diferentes tipos de plásticos, vários lasers e o que as pessoas viam como um grande potencial nesta tecnologia. Durante muito tempo, a única utilização real que se conseguia encontrar era a criação de modelos arquitectónicos de edifícios. Mas a tecnologia tornou possível imprimir objectos cada vez mais sofisticados de uma só vez e é por isso que a impressão 3D pode mudar o fabrico, a engenharia e a forma como praticamos a ciência, especialmente a medicina. Para começar, a impressão 3D permite-nos personalizar objectos que costumavam ser fabricados apenas a granel. Por exemplo, os membros protésicos costumavam ser fabricados em massa e eram basicamente todos iguais, havia membros pequenos, médios e grandes, esquerdos e direitos, e cada um deles tinha de ser personalizado para um doente depois de fabricado. As próteses de impressão 3D estão a ser construídas por encomenda com as especificações individuais de cada doente.

Outra inovação que permite imprimir objectos com peças móveis é a colocação de um material de suporte dissolvível entre as peças móveis que pode ser lavado depois de o objeto ter sido fabricado. Assim, se estivermos a fazer uma série de engrenagens que se movem em conjunto, a impressora 3D pode colocar um gel ou pó entre elas para que as peças individuais não se fundam. Mas, uma vez terminado, pode dissolver o material de suporte e as peças móveis impressas estão prontas a funcionar. Isto significa que uma perna protésica pode agora ser fabricada com caraterísticas flexíveis para se assemelhar mais à perna humana. Para além de fazer coisas maiores e mais complicadas, os químicos também descobriram como imprimir objectos muito pequenos, como os químicos, e descobriram como imprimir objectos tão pequenos como 285 micrómetros, mais pequenos do que um grão de areia. Uma vez que a maioria dos fármacos é feita de carbono, oxigénio e hidrogénio, em breve poderemos construir fármacos utilizando moléculas orgânicas como tinta. Triliões destas moléculas impressas podem encaixar-se para criar um fármaco que fará exatamente o que se pretende no corpo, porque todos os átomos estão dispostos de forma a realizar a ação necessária. Uma equipa da Universidade de Glasgow já descobriu como imprimir o ibuprofeno, o analgésico, a partir do zero, quando ele se torna mais estranho.

Capítulo 3

Fabrico de computadores de secretária

As impressoras 3D têm basicamente dois componentes principais - a extrusora e o carro. A extrusora é um motor com uma engrenagem que pega no plástico, aquece-o até ao ponto de fusão e coloca-o cuidadosamente em camadas, umas sobre as outras. A extrusora tem um motor de passo que controla a velocidade de deposição do plástico. O carro é utilizado para mover a cabeça da extrusora para trás e para a frente ao longo do eixo da superfície 2D para formar o objeto 3D. O carro é comum nas impressoras de papel normais, mas a principal diferença é que o carro das impressoras 3D tem um eixo extra, o eixo Z, que ajuda na impressão vertical. As duas partes trabalham em conjunto para criar o objeto 3D.

Materiais utilizados na impressão 3D:

-1- Plásticos

-2- Polímeros

-3- Cera

-4- Gesso

-5- Cerâmica

-6- Betão

-7- Metais

-8- Papel

-9- Tecido

-10- Tecidos biológicos

-11- Alimentação

-12- Borracha, etc.

Poucas coisas únicas fabricadas com impressoras 3D:

-I- Partes do corpo :

Em laboratórios de todo o mundo, os bioengenheiros começaram a criar protótipos de partes do corpo como orelhas, narizes, ossos e pele artificiais e até um rosto inteiro. O primeiro transplante em 3D da cabeça de uma mulher foi efectuado nos Países Baixos, num processo que demorou mais de 23 horas de cirurgia. A paciente está a recuperar bem,

O seu corpo está de novo no bom caminho e quase não mostra sinais de ter sido submetido a qualquer tipo de cirurgia. Estão a ser realizadas mais investigações para melhorar ainda mais a tecnologia.

-1- Medicina:

A medicina impressa em 3D está a revolucionar o campo da prescrição de medicamentos. Agora, os médicos podem administrar doses personalizadas de acordo com as necessidades do doente. Os investigadores acreditam que, na próxima década, os doentes estarão a imprimir os seus próprios medicamentos a partir de casa.

-2- Automóveis:

O URBEE 2 é o primeiro veículo que foi fabricado a partir de peças impressas em 3D. Desde então, têm surgido alguns carros impressos em 3D notáveis, com estilos inovadores e designs futuristas. Dentro de alguns anos, mais automóveis chegarão ao mercado.

-3- Alimentos impressos em 3D :

Está a ser desenvolvido um protótipo de alimentos impressos em 3D para serem utilizados pelos astronautas no espaço. Muitas pessoas estão agora a imprimir todo o tipo de alimentos utilizando impressoras 3D. Os bolos e os doces já estão a ser impressos em 3D.

-4- Edifícios de betão:

Estas impressoras 3D não se limitam apenas a pequenos projectos. Uma empresa chinesa construiu dez casas térreas em menos de 24 horas. Cada casa custa apenas 5000 dólares. Também digno de menção é um arquiteto do Minnesota que criou um castelo impresso em 3D no seu quintal, feito inteiramente de betão. O processo ainda está em desenvolvimento e, com esta tecnologia, as pessoas podem agora conceber estruturas abstractas loucas e arquitecturas nunca antes vistas.

-5- Armas

A impressão 3D abriu caminho a coisas verdadeiramente espantosas, mas ninguém esperava que chegasse o dia em que poderíamos imprimir armas nas nossas secretárias, o que parece muito assustador. É um assunto muito controverso. E está a tornar difícil para o governo impor quaisquer restrições à produção de armas caseiras.

Capítulo 4

Da impressão 3D à fundição de jóias

Vejamos um processo de fundição de jóias a partir de jóias impressas em 3D.

Segue-se uma descrição do processo, desde o **design** à **impressão** e ao **elenco.**

Já não é o caso de o joalheiro fazer isto com as suas mãos. Também não é verdade que tenha de se manter taticamente envolvido no processo durante todo o processo. O designer de jóias da nova era tem a capacidade de se sentar o mais afastado possível da produção da sua peça, por exemplo, as formas transformam toda a gente num joalheiro. A conceção de uma peça de joalharia já não exige que consideremos ou tenhamos qualquer conhecimento da sua contraparte material. Trata-se de uma situação interessante, sobre a qual não vou exprimir aqui a minha opinião. Inevitavelmente, há coisas cruciais a considerar quando se desenha uma peça de joalharia que se pretende imprimir em 3D e fundir em metal.

Forma:

Quão complexa é a forma? É uma forma sólida, ou é oca, é como uma esfera ou um quadrado, ou tem cortes inferiores ou vazios, ou áreas que estão desligadas da forma principal. Os objectos que têm muitos pequenos buracos ou vazios podem ser difíceis de polir, por isso pode valer a pena considerar cortar o modelo em dois e fundir separadamente, para que o acesso ao interior para polimento seja mais fácil. Alguns desenhos incluem formas que são mais fáceis de adicionar por um joalheiro experiente, as hastes e as formas cilíndricas são formas padrão que podem ser compradas e soldadas no lugar após a fundição, e têm muito mais probabilidades de manter a sua verdadeira forma do que se forem impressas e fundidas.

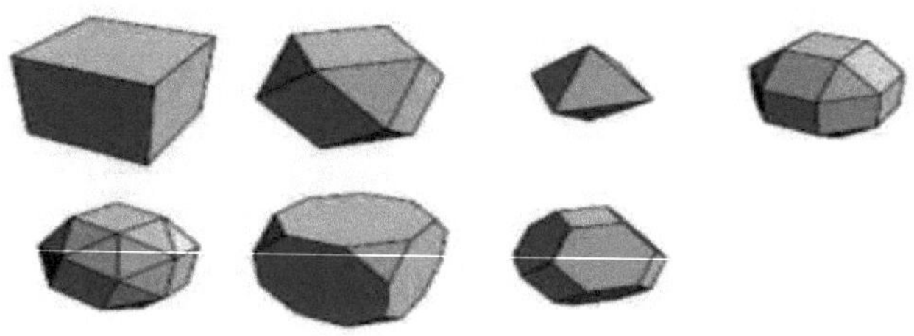

(Fonte da imagem: www.myminifactorty.com)

Tamanho:

Qual é o tamanho da sua peça de joalharia? Isto pode ser medido de várias formas, por volume, ou por comprimento, largura, etc. As formas demasiado grandes requerem frequentemente um frasco próprio para a fundição. As formas de tamanho e volume semelhantes são normalmente agrupadas no mesmo frasco, para que o fundidor possa controlar a velocidade e a temperatura do metal necessário para cada frasco. Os frascos extra custam dinheiro extra... e, convenhamos, ninguém tem dinheiro extra.

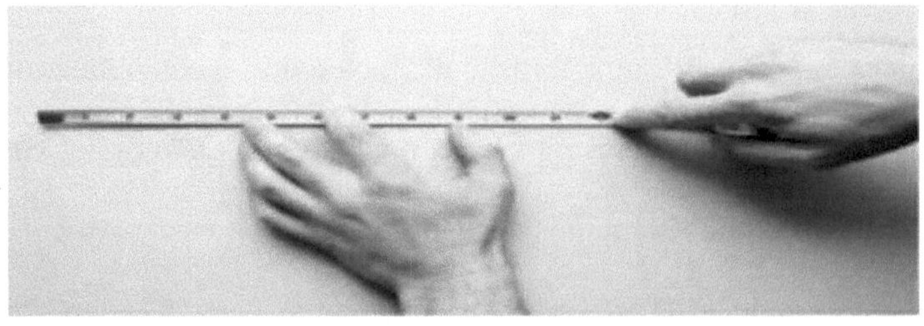

(Fonte da imagem: www.myminifactorty.com)

Peso:

É importante considerar o peso da peça de joalharia acabada quando fundida no metal. É possível calcular o peso no metal escolhido utilizando uma conversão simples. Verificar o volume desta forma nunca é totalmente exato, a menos que se conheça a relação exacta entre peso e volume do metal escolhido, mas ajuda a dar uma ideia do peso final.

Espessura:

Qual é a espessura máxima da secção transversal e a espessura mínima da secção transversal? Não é aconselhável conceber nada com menos de 1 mm de espessura de secção transversal, pois é provável que surjam problemas durante a fundição. Imagine que o metal tem de se espremer através dessas áreas finas, a grande velocidade, durante o arrefecimento. Permitir um pouco de espessura extra aumenta as hipóteses de um bom fluxo de metal, imagine uma artéria a bombear sangue através do corpo, quanto mais larga for a artéria, mais facilmente o sangue flui. Os metais também encolhem à medida que arrefecem, pelo que uma área com 1,5 mm de espessura na sua impressão 3D pode ficar mais próxima de 1 mm.

Sistema Nervoso, **Pendente Vaso em Latão(Fonte da imagem: www.myminifactorty.com)**

Conceção em Sprues:

Os sprues são normalmente varetas de cera que são adicionadas a um modelo de cera ou a uma impressão 3D, actuando como um túnel no qual o metal líquido pode viajar para chegar à impressão 3D. Cada fundidor dir-lhe-á algo diferente quando se trata de desenhar sprues nos seus modelos antes da impressão. A vantagem de os desenhar no seu modelo é que há menos trabalho para o indivíduo que constrói a árvore; só precisa de ligar o seu objeto ao seu sprue de cera num ponto, poupando tempo. O outro lado é que a colocação incorrecta do sprue pode dificultar o fluxo do metal e causar a perda de detalhes, obrigando o finalizador a voltar a esculpir os detalhes no metal acabado.

Poder mostrar ao seu especialista em fundição uma imagem do seu modelo 3D pode ser a chave para resolver este problema. Conseguir que a resina se una ao sprue de cera é outra questão completamente diferente, uma vez que as resinas não derretem, mas sim queimam.

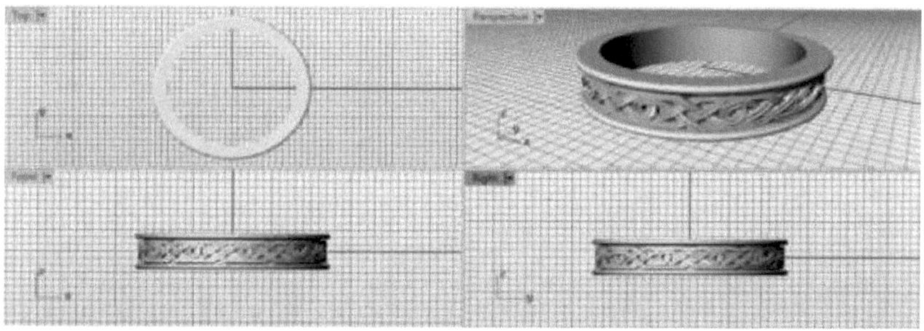

Impressão e cura de impressões 3D..:

Se estiver a trabalhar com uma impressora 3D de resina, como uma B9 Creator, Miicraft ou Form1, escolha uma resina fundível. Siga as orientações de impressão para obter uma resolução de impressão óptima: quanto melhor for a resolução, mais fina será a impressão, quanto mais fina for a impressão, mais fino será o molde, simples. Uma vez terminada a impressão do objeto, retire-o da base de impressão com cuidado, utilizando uma espátula afiada, tendo o cuidado de não danificar a superfície da base de impressão. Limpar a impressão 3D de resina com uma solução de álcool como o isopropílico. Cada resina é diferente e os tempos de cura variam, mas no geral não se pode curar demasiado uma impressão 3D de resina, a não ser que se esteja a usar um forno, por isso tenha cuidado. Os tipos de resinas utilizadas para a fundição direta são numerosos, para dizer o mínimo. Todas elas podem ser descritas como resinas fotossensíveis, porque endurecem à luz UV. Pode utilizar uma caixa de luz UV para continuar a curar as impressões depois de estas terem sido impressas. Muitas vezes, um "teste de cheiro" pode ser a melhor forma de determinar se a impressão foi curada corretamente. Também é necessário remover cuidadosamente quaisquer suportes (estruturas concebidas para ajudar a crescer a impressão 3D) ligados à impressão 3D.

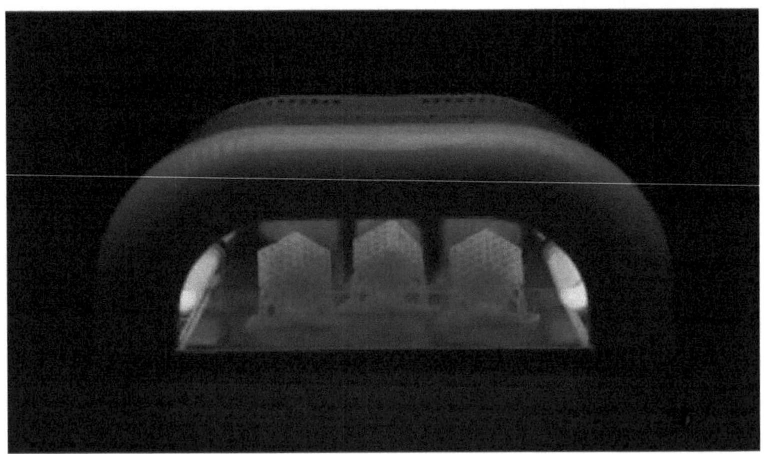

(Fonte da imagem: www.myminifactorty.com)

Preparar a árvore:

De seguida, leva a sua impressão 3D acabada, curada e limpa ao seu profissional de fundição. O trabalho do construtor de árvores é o oposto do lenhador. Nesta fase, é construída uma árvore para maximizar a quantidade de objectos que podem ser moldados de uma só vez. A árvore é construída como seria de imaginar, com uma base (ligada a uma tampa de frasco de borracha resistente ao calor) ligada a uma secção de tronco mais grossa e, a partir daí, muitos sprues, ligando o sprue principal ou tronco às impressões 3D. Esta árvore é depois rodeada por um frasco de aço. Um material de revestimento (um composto de silicato de gesso altamente resistente ao calor) é então misturado, aspirado (para remover o ar) e vertido no frasco para cobrir toda a árvore de cera e todas as impressões 3D de resina. O frasco e o material de revestimento são então deixados a arrefecer e a endurecer durante o período de tempo necessário.

(Fonte da imagem: www.myminifactorty.com)

(Fonte da imagem: www.myminifactorty.com)

Burnout:

Depois de endurecido, o revestimento é colocado num forno ou numa fornalha. A temperatura é lentamente aumentada em incrementos até que toda a resina e cera tenham derretido e queimado o revestimento, deixando um vazio (espaço vazio) onde a resina de impressão 3D e a árvore de cera utilizada . Este processo é designado por burnout. Esta é uma fase fundamental, e há uma infinidade de blogues e fóruns dedicados ao assunto, a procura do programa de burnout perfeito, mas a verdade é que não há uma regra única. Cada objeto é diferente, cada forno comporta-se de forma diferente, cada mistura e marca de investimento é ligeiramente diferente, cada programa de queima é diferente e a composição de cada metal é diferente. A chave para o sucesso das peças fundidas é a experimentação sistemática. Recomendo, em particular, o Fórum B9 como um local com conselhos paralelos e conhecimento científico sobre o assunto.

Elenco:

A temperatura do forno é suavemente reduzida de modo a que o material de revestimento atinja a temperatura de fundição necessária. O metal escolhido é então aquecido no cadinho até à temperatura necessária. Um sistema de fundição centrífuga é frequentemente utilizado para lançar literalmente o metal líquido no vazio do revestimento. Abaixo encontra-se uma imagem de um sistema de fundição centrífuga, ideal para pequenos objectos como jóias.

(Fonte da imagem: www.myminifactorty.com)

Acabamento e polimento:

Depois de ter a peça de joalharia fundida, pode cortá-la da árvore e limar o excesso de metal, podendo também utilizar uma lixa para nivelar as arestas.

(Fonte da imagem: www.myminifactorty.com)

Capítulo 5

Tipos de impressão 3D

FDM (Fused Deposition Modelling):

Este é, de longe, o tipo mais comum de impressora 3D. Um filamento de plástico é aquecido numa linha fina e movido camada a camada até que todo o objeto 3D esteja formado. Normalmente, o ponto de fusão destes plásticos é de 200 graus Celsius.

-1- Diferenças entre os tipos de filamentos de plástico utilizados na impressão 3D:

1. ABS: Mais forte, mais utilizado, arrefece mais lentamente, é ligeiramente tóxico e também cria fumos.
2. PLA: Normalmente fabricado a partir de substâncias orgânicas. Basicamente, trata-se de uma nova tecnologia em comparação com o ABS. É bom para o ambiente e biodegradável.

As impressoras 3D requerem normalmente ficheiros específicos para poderem imprimir objectos 3D. Normalmente, é necessário um ficheiro chamado STL. Pode descarregar os ficheiros de sítios Web como www.myminifactory.com ou pode criar o seu próprio ficheiro se souber como criá-lo. Para criar um ficheiro STL, é necessário saber utilizar um software de desenho 3D como o Rhinoceros, o Solidworks, etc.

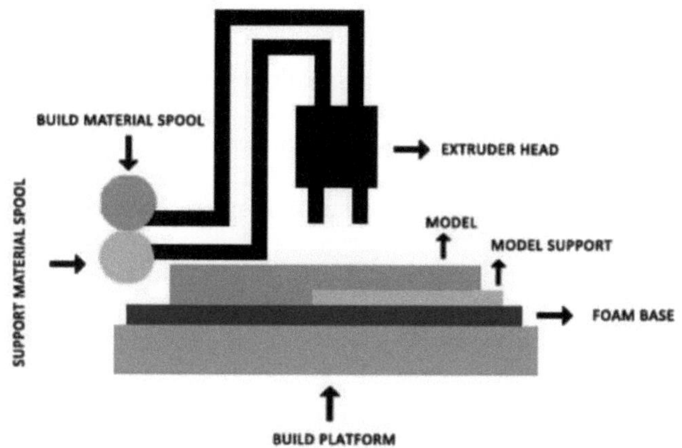

Outra forma de criar um ficheiro STL é utilizar o openscad. Neste caso, o utilizador não desenha um modelo, mas programa-o através de codificação. A codificação diz ao modelador o que deve desenhar.

Depois de ter o ficheiro STL, é necessário cortá-lo. O corte é um processo em que um ficheiro 3D é convertido em várias camadas, para ser impresso uma de cada vez. A forma como o ficheiro é cortado depende do tipo de impressora que está a utilizar e do tipo de controlador que tem instalado no seu computador. O Makerware é o cortador que vem com as impressoras makerbot. Anteriormente, era utilizado o ReplicatorG, que era o programa padrão. O Skienforge é o melhor software de corte disponível, mas é muito difícil de utilizar. O cortador dá-lhe uma imagem completa do processo de impressão 3D que está prestes a ocorrer. Pode até dar extrusões diferentes se tiver várias extrusoras. O foco principal ao cortar um ficheiro é a espessura de cada camada, tendo em conta o diâmetro do bocal. Também depende do tipo de plástico que está a utilizar, porque a definição de temperatura é diferente para diferentes plásticos. Por exemplo, o PLA pode ser feito a temperaturas mais baixas . Antes de começar a imprimir, pode definir o preenchimento de plástico no objeto 3D a ser impresso. Quando a percentagem de enchimento é definida, é possível reduzir o desperdício de plástico. É possível fazer uma jangada para levantar facilmente o objeto impresso.

Outros métodos de impressão 3D são:

1) SLS (sinterização selectiva por laser)

A sinterização selectiva por laser é um processo de fabrico aditivo ou de impressão 3D. Este processo de impressão foi desenvolvido no âmbito da DARPA (**Defense Advanced Research Projects Agency**) do departamento de defesa dos EUA e patenteado em meados da década de 1980 pelo Dr. Joe Beaman e pelo Dr. Carl Decord na Universidade do Texas. Tanto Beaman como Decord participaram na criação de uma empresa chamada DTM, que se centrava nas máquinas de sinterização selectiva por laser. A patente recente foi emitida em janeiro de 1997 e expirou em janeiro de 2014. Em 2001, a DTM foi adquirida pela 3D Systems, o maior concorrente da DTM e da tecnologia SLS.

A técnica que utiliza na sinterização selectiva a laser um laser como fonte de energia para sinterizar material alimentado, automaticamente o laser é apontado para vários pontos no espaço definido pelo modelo 3D; este processo une o material para formar uma estrutura sólida. Este processo é semelhante à sinterização direta de metal a laser. Ambos são utilizados para fabricar objectos 3D com detalhes técnicos diferentes. A fusão selectiva por laser também utiliza o mesmo conceito, mas na fusão selectiva por laser o material é totalmente fundido em vez de ser sinterizado, o que permite obter propriedades diferentes, como a porosidade, a formação de cristais, etc. A sinterização selectiva por laser é uma tecnologia bastante recente, utilizada principalmente em para prototipagem rápida e para um pequeno número de componentes de produção.

Tecnologia

A sinterização selectiva por laser utiliza uma técnica de fabrico aditiva em que o laser de alta potência, por exemplo o laser de dióxido de carbono, é utilizado para unir as pequenas partículas de plástico, cerâmica, metal ou vidro em pó numa figura com uma forma 3D. O laser junta seletivamente o material em pó através da digitalização de secções transversais geradas a partir de um objeto de software 3D (descrição 3D) da peça na superfície de um leito de pó. Após a digitalização de cada secção de pó, o leito é rebaixado numa espessura de camada e uma nova camada é aplicada no topo. Este processo é frequentemente continuado até que o objeto completo esteja terminado.

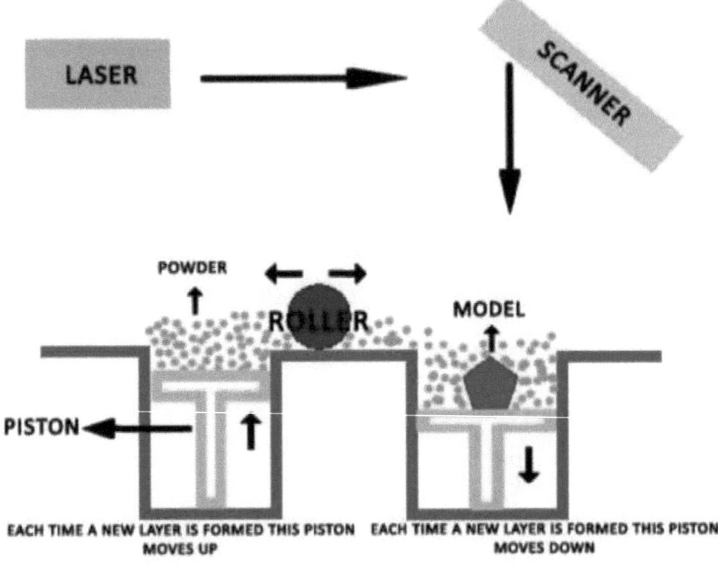

Materiais de impressão e utilizações

Algumas das máquinas de sinterização selectiva por laser utilizam pós de componente único, como a sinterização direta por laser de metal. A maioria das máquinas SLS utiliza pós de dois componentes. Os pós de componente único são normalmente fabricados por trituração de esferas. Os pós de dois componentes são uma mistura de pós ou pó revestido. No pó de componente único, o laser só derrete a camada exterior das partículas e, em seguida, junta os núcleos sólidos não derretidos uns aos outros e também à camada anterior.

A tecnologia SLS é utilizada em várias partes do mundo devido à sua capacidade de fabricar geometrias complexas diretamente a partir de dados tridimensionais.

2) Estereolitografia (STL)

A impressão por estereolitografia é uma tecnologia de impressão 3D amplamente utilizada, também conhecida como impressão SLA e a impressão 3D também é conhecida como prototipagem rápida. Esta tecnologia foi criada na década de 1970. O investigador japonês Dr. Hideo Kodama deu a moderna abordagem em camadas à estereolitografia. Chuck Hull foi a primeira pessoa a registar uma patente. Ele patenteou depois de imprimir sucessivamente uma camada fina de um objeto 3D da camada inferior para a superior com a ajuda de luz ultravioleta de cura média e, mais tarde, fundou a sua própria empresa de impressão 3D, a primeira do mundo.

Mecanização

Esta tecnologia funciona através da utilização de laser ultravioleta numa cuba de resina de fotopolímero com a ajuda de software assistido por computador, o processo é designado por fabrico aditivo. Os raios UV são utilizados para desenhar a forma 3D na cuba de fotopolímero. Sob a ação dos raios UV, os fotopolímeros, que são fotossensíveis, mudam de forma e dimensão, o que faz com que a resina solidifique e crie uma única camada do objeto 3D concebido. Até o objeto estar completo, o processo repete-se frequentemente para cada camada.

Como funciona

Quando abrimos a tampa de bloqueio da luz, podemos ver uma placa de metal da plataforma de construção no interior. É nesta placa de metal que são fabricadas as peças. Por baixo da plataforma de construção encontra-se um depósito de resina. A janela transparente do tanque de resina dá ao laser ultravioleta um caminho para curar a resina. Para iniciar uma impressão, o computador carrega um ficheiro e, em seguida, enche o depósito de resina até à linha indicadora. Quando começa a imprimir, pode ver o laser a passar para trás e para a frente no interior, endurecendo o plástico líquido. Uma vez terminada a impressão, pode retirar a impressão e lavá-la ou esfregar com álcool para retirar o excesso de resina. Os objectos 3D virão com suportes; podemos cheirá-los para terminar o objeto. A estereolitografia é conhecida por produzir detalhes extremos, com camadas mais finas do que um cabelo humano.

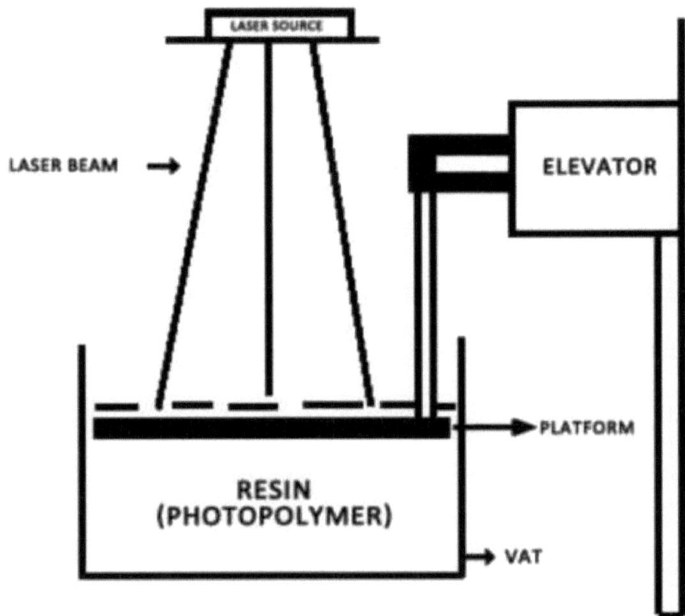

Méritos e deméritos da estereolitografia

A principal vantagem da estereolitografia é a sua velocidade de fabrico. O tempo necessário para fabricar o objeto 3D é de uma hora ou mais de um dia, dependendo do tamanho e da complexidade do desenho. Algumas das grandes impressoras 3D imprimem um único objeto 3D com mais de um metro e muitas impressoras podem imprimir um máximo de 50x50x60 cm.

Embora a estereolitografia possa fabricar qualquer peça sintética em 3D, é frequentemente dispendiosa. O custo da resina de fotopolímero é de aproximadamente 2500 dólares por galão e as impressoras custam aproximadamente 25000 dólares.

3) Fabrico de objectos laminados (LOM)

O fabrico de objectos laminados foi desenvolvido no ano de 1985 pela Helisys Corporation. Este não é o tipo mais comum de técnica de impressão 3D utilizado atualmente no mercado, mas é muito eficaz para a criação rápida de protótipos a custos muito baixos.

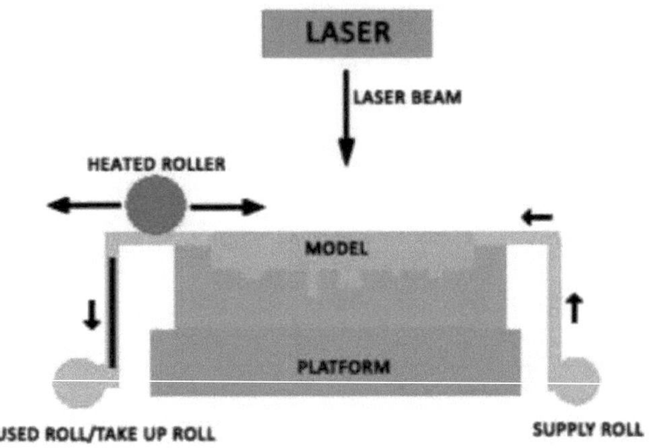

Processo de LOM

O fabrico de objectos laminados consiste em várias etapas. A primeira etapa consiste em conceber um modelo CAD e convertê-lo num ficheiro STL (Estereolitografia). Carrega-se este ficheiro, depois de cortado com um software de corte, para uma impressora LOM. O passo seguinte é colocar uma folha aderida a um substrato com um rolo aquecido. O laser traça as dimensões necessárias do modelo 3D. De seguida, remove a parte extra (resíduos) utilizando o laser. A camada concluída é movida para baixo com a ajuda de uma plataforma para receber a camada seguinte. A nova camada é puxada para a sua posição. Este processo é repetido vezes sem conta até o objeto 3D estar totalmente concluído.

Numa explicação simples, o LOM é um processo em que o plástico laminado ou o papel são fundidos ou laminados na presença de calor ou pressão. É utilizado um laser, lâminas ou uma faca de corte para cortar a forma pretendida do modelo 3D e remover a área não pertencente à peça.

A LOM não é uma impressão 3D bem conhecida ou famosa, mas é um processo de impressão mais barato e mais rápido. O custo de impressão é muito baixo porque as matérias-primas são muito baratas. Podemos imprimir objectos de maiores dimensões utilizando o método LOM, sem necessidade de qualquer reação química.

Os materiais utilizados na LOM são:

a) Papel

b) Plásticos

c) Compósitos

d) Cerâmica

e) Metais

4) Processamento digital de luz (DLP)

A tecnologia Digital Light Processing (DLP) foi inventada no ano de 1987 por Larry Hornbeck da Texas Instruments, enquanto o primeiro projetor DLP foi inventado em no ano de 1997 pela Digital Projection Ltd. No ano de 1998, receberam prémios Emmy pela invenção da tecnologia DLP. O processamento digital da luz é um tipo de processo de impressão 3D que utiliza microespelhos digitais. Este processo de impressão é semelhante à estereolitografia.

Tanto o Processamento Digital de Luz como a SLA utilizam fotopolímeros para a impressão 3D. A diferença entre o DLP e o SLA é a diferente fonte de luz que cada um utiliza no seu próprio processo de impressão.

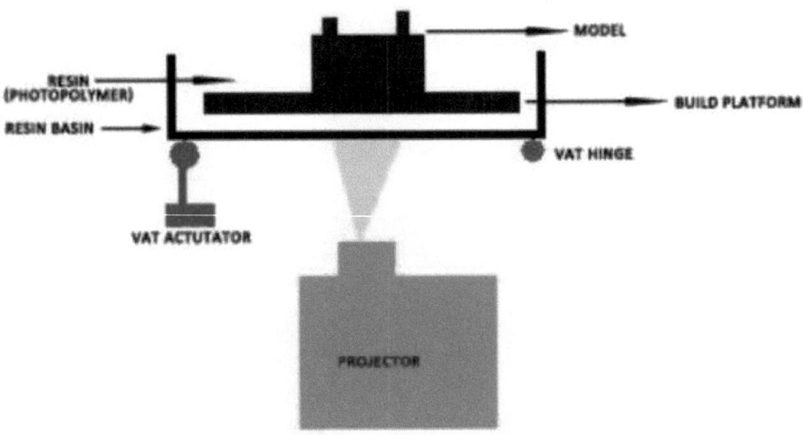

Mecanismo

A impressora Digital Light Processing utiliza um tanque de resina transparente ou cuba que contém resinas que são colocadas numa plataforma. Por baixo do tanque de resina, na metade inferior da impressora, encontra-se um projetor DLP de alta definição, juntamente com todas as placas de circuito necessárias para fazer funcionar a impressora. O projetor projecta a imagem no fundo da cuba para curar a camada de resina. A resina líquida torna-se mais dura quando uma grande quantidade de luz incide sobre a resina. Um facto muito interessante é que, em poucos segundos, é criado o material endurecido. Quando a primeira camada é endurecida, a plataforma do tanque de resina move-se para cima e a impressora começa a trabalhar na camada seguinte. Este processo é continuado até que o objeto 3D esteja completamente construído. A impressora também tem um obturador controlado para proteger a lente entre as impressões quando a cuba é removida.

A vantagem desta impressora é que custa menos e tem menos desperdício devido ao facto de ser utilizado menos material para a produção detalhada.

5) Fusão selectiva por laser

A fusão selectiva a laser é um processo de fabrico aditivo em que se imprime o modelo 3D utilizando pós metálicos e feixes de laser. Este processo é semelhante ao método de impressão SLS. A fonte de dados é o software 3D, tal como outras impressoras 3D. No ano de 1995, a fusão selectiva a laser resultou de um projeto do Instituto Fraunhofer ILT em Aachen, Alemanha.

O processo

Um feixe de laser é projetado sobre uma fina camada de pó metálico e funde seletivamente os pós para dar forma ao modelo. Após a conclusão da primeira camada, é aplicada uma nova camada de pó metálico. De seguida, a plataforma de construção é baixada pelo volume da espessura de uma camada. Este processo é continuado até que o objeto 3D esteja totalmente impresso.

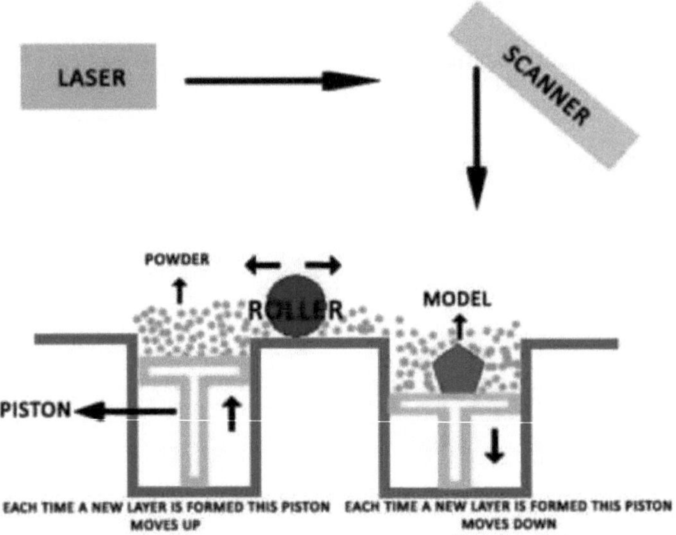

Depois de concluído este processo, o pó restante ou não utilizado é removido.

O objeto impresso permanece.

6) Fusão por feixe de electrões (EBM)

A fusão por feixe eletrónico também é outra forma de processo de fusão 3D para imprimir objectos metálicos. É muito semelhante à fusão selectiva por laser. A única diferença é que o SLM utiliza um feixe laser de alta potência e o EBM utiliza um feixe de electrões. Todos os outros processos são semelhantes ao SLM. Este processo ocorre a uma temperatura elevada, aproximadamente 1000 Celsius.

O processo

O primeiro passo é carregar o ficheiro CAD para a máquina de impressão EBM. Em seguida, o desenho é cortado em secções transversais para criar uma construção camada a camada. O pó metálico é então vertido para a câmara de impressão. O pó é movido por ancinho e depois aquecido para fixar parcialmente o pó antes de ser soldado por feixe de electrões. O leito de pó é novamente varrido e reaquecido com a ajuda de um feixe de electrões. As partículas principais individuais em cada camada são agregadas. O processo é então repetido de modo a que todas as peças sejam construídas camada a camada.

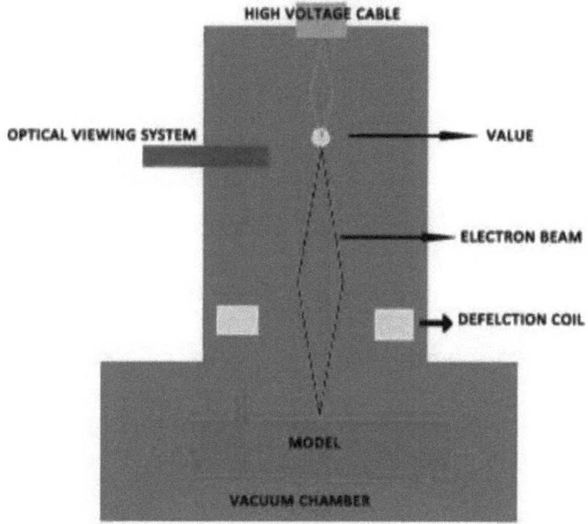

NESTE SISTEMA SIZA DO MODELO DEPENDE DO TAMANHO DO VÁCUO CÂMARA

Em seguida, o excesso de pó é retirado e reutilizado no processo de impressão seguinte. A impressora pode imprimir vários componentes ao mesmo tempo. O método de impressão EBM não é muito popular devido à sua lentidão e ao seu custo elevado. Esta aplicação é utilizada principalmente em implantes médicos.

Como a impressão 3D falha:

Existem várias razões pelas quais o seu modelo pode falhar.

- A cabeça da impressora pode falhar. Se deixares a impressora quente durante muito tempo, o plástico PLA vai-se partir e causar problemas.
- Se não efetuar uma manutenção regular e a plataforma de impressão ficar instável, pode acabar por ficar com uma superfície irregular.
- Se a plataforma não estiver limpa, o plástico não adere à plataforma e parte-se no meio da impressão.
- O modelo em si pode não ser exatamente o que procura, uma vez que pode haver falta de precisão.
- Se não seguir as diretrizes dadas pelo fabricante da impressora 3D.
- Cada tipo de impressão 3D é diferente um do outro, pelo que não se deve utilizar uma técnica sobre a outra.
- Se forem impressas quantidades excessivas de uma só vez, o espaço disponível na plataforma será superior.
- Tenha em atenção os níveis de tensão, pois as tensões excessivas podem danificar a impressora.
- Por vezes, a impressão é um trabalho que requer paciência, não tente acelerar o processo. Pode resultar em algum tipo de falha.
- Quando o corte não é efectuado corretamente.
- Se os suportes não forem corretamente construídos.
- Se a plataforma for pegajosa e não for bem mantida.

Capítulo 6

A fábrica na sua secretária

Iniciar uma fábrica na sua secretária:

- Estudo de mercado (para descobrir potenciais clientes e concorrentes)
- Necessidade de negócio de impressão 3D
- Elaborar um plano de negócios para uma empresa de impressão 3D

Inquérito de mercado:

É muito necessário recolher as informações corretas que ajudarão o comerciante a conhecer as exigências do consumidor. Para adotar uma estratégia que consiga penetrar no mercado e aumentar o volume de vendas, é muito importante conhecer a mentalidade dos consumidores-alvo. A atenção deve centrar-se no que o consumidor pensa sobre o sector, o que o consumidor pensa sobre a sua empresa, o produto e os serviços oferecidos pela sua empresa. Concentre-se nas necessidades do consumidor; reveja os seus passos para descobrir se está a corresponder aos gostos do consumidor.

Evite coisas que desagradam à maioria dos consumidores. Tente concentrar-se nas coisas a que o consumidor pode estar mais recetivo. Estas são apenas algumas das coisas que pode descobrir com o seu estudo de mercado. Tudo se resume às suas experiências passadas para fazer o tipo certo de inquérito. Antes de iniciar qualquer negócio, é muito necessário fazê-lo; isto ajuda a evitar má publicidade, baixo volume de vendas, etc. O estudo de mercado difere do tipo de negócio que pretende iniciar; comércio eletrónico, retalho, etc. Não falaremos sobre eles aqui. A menos que o faça antes de iniciar a sua atividade, as suas vendas podem cair a pique. Por exemplo, um consumidor pode querer um produto durável e económico, mas você concebe um produto amigo do ambiente. Isto afectará muito as suas vendas. Resumindo, se não fizer um estudo de mercado, não saberá quais são as necessidades, desejos, gostos ou reacções dos seus consumidores.

Necessidade de negócio de impressão 3D:

É possível imprimir em 3D praticamente tudo, desde brinquedos, peças sobressalentes, jóias, etc. O custo das impressoras 3D desceu de 100.000 dólares para 300 dólares. Qualquer pessoa pode comprá-las e começar a imprimir a partir de casa. A conquista deste território virgem cabe a um empresário com um planeamento adequado. Imagine que parte uma porca de uma máquina de lavar roupa ao tentar repará-la e que, por vezes, encontrar essa porca com o tamanho exato se torna muito cansativo.

Agora, a solução mais fácil é pegar num compasso de calibre e tirar a medida exacta da porca. Preparar um modelo 3D da mesma e, utilizando a impressora 3D, imprimir a porca. É assim que é fácil começar a fabricar coisas em casa. Portanto, a necessidade de um negócio deste género existe. Pode começar a fabricar brinquedos únicos, jóias, etc. e vendê-los em plataformas em linha como eBay e Amazon ou criar o seu próprio sítio Web e vendê-los através dele.

O melhor deste tipo de negócio é o facto de o poder gerir a partir de casa. Não precisa de alugar espaços ou empregados caros, nem de uma fábrica totalmente mobilada que pode custar milhões de dólares. As possibilidades são infinitas; não é preciso ser Warren Buffet para perceber isto. Os potenciais consumidores são empresas de design de produtos, outros empresários, estudantes e institutos de ensino, etc.

Sectores que necessitam de tecnologia de impressão 3D:

- Moda e calçado
- Brinquedos
- Joalharia
- Médico
- Arquitetura
- Animação
- Entretenimento
- Bens de consumo
- Defesa
- Aeroespacial
- Eletrónica
- Automóvel
- Alimentação
- Agricultura e mais....

Elaborar um plano de negócios para uma empresa de impressão 3D:

A primeira pergunta que tem de fazer a si próprio é "Preciso de um plano de negócios para ter uma empresa de sucesso?" e a resposta é SIM. Um plano de negócios é essencial para ajudar a atrair investidores e convencê-los a investir na sua empresa. O plano de negócios a elaborar depende do tipo de negócio que pretende iniciar para a sua empresa de impressão 3D, seja ele comércio eletrónico, venda a retalho, etc., e também depende do tipo de produtos e serviços que pretende que a ofereça aos seus consumidores, como brinquedos, jóias, etc. Não vamos falar sobre como elaborar um plano de negócios, que é uma discussão para outro dia.

Algumas utilizações únicas da impressão 3D:

- A prototipagem rápida sempre existiu. As empresas utilizam-nos antes da produção em massa. A impressão 3D torna-a mais barata e mais rápida do que as tecnologias mais antigas anteriormente utilizadas.
- Ao aumentar a velocidade da prototipagem, as empresas podem aumentar a qualidade e também reduzir os custos de desenvolvimento.
- A personalização rápida é uma grande vantagem da impressão 3D. Algumas das peças podem ser alteradas num espaço de tempo muito reduzido.
- Algumas peças só podem ser feitas utilizando as impressoras 3D.

Capítulo 7

Digitalização 3D

Existe um grande número de dispositivos que transformam qualquer objeto físico num modelo digital 3D. Este processo de transformar um objeto físico num modelo 3D é designado por digitalização 3D. 123DCatch é uma aplicação que permite aos utilizadores carregar uma série de fotografias tiradas em diferentes ângulos para as transformar num objeto 3D. A aplicação está disponível para Android, iOS, bem como para computadores e navegadores de secretária. Ao carregar imagens para a aplicação, tem de se certificar de que tirou fotografias do objeto num ângulo de 360 graus. Para maior segurança, tire mais fotografias em ângulos diferentes, novamente a 360 graus. Quando tiveres a série de fotografias, carrega-as na aplicação. A aplicação transformará as imagens num modelo 3D.

Por outro lado, os scanners 3D físicos utilizam o princípio básico que consiste em emitir uma fonte de luz para uma mesa giratória onde o objeto é colocado e, em seguida, à medida que a mesa giratória roda, a imagem 3D do objeto é captada. Os scanners industriais topo de gama, como o Rexcan CS+, que custa bem mais de 50000 dólares, têm 2 câmaras rotativas e uma fonte de luz LED para captar a imagem 3D do objeto na mesa giratória. Por vezes, objectos grandes como carros, seres humanos ou qualquer objeto suficientemente grande para não caber na mesa giratória podem ser digitalizados utilizando scanners 3D como o Artec Eva. Neste tipo de scanner 3D, o scanner é segurado na mão e movido ao longo de todo o objeto em todas as direcções para captar a imagem 3D. Estes scanners dão uma imagem 3D precisa do objeto digitalizado, incluindo a forma exacta e a textura . A iMakr tem cabinas de digitalização 3D equipadas com várias câmaras DSLR em diferentes ângulos que funcionam como uma só para captar a imagem 3D. Os scanners 3D domésticos são muito mais baratos do que os scanners 3D industriais. O Makerbot Digitizer custa menos de 1000 dólares e funciona segundo o mesmo princípio que os scanners industriais, em que o objeto é colocado numa mesa giratória. 2 lasers são projectados no objeto à medida que este gira na mesa giratória em frente de um sensor CMOS; isto permite ao scanner captar a imagem 3D do objeto. O scanner Matter and Form 3D, que custa menos de 500 dólares, também tem um laser, uma mesa giratória e um sensor CMOS. Existem outros scanners portáteis, como o Fuel-3D Scanify 3D, que funciona segundo o princípio de apontar e disparar. Tem um par de câmaras que captam a cor e a forma do objeto. A 3D Systems oferece o scanner Sense 3D, que é de longe o mais barato de todos, custando cerca de 300 dólares. É também um scanner de mão com 2 câmaras utilizadas para digitalizar.

Capítulo 8

O que o futuro reserva à impressão 3D?

Chegou o momento em que se pode fazer quase tudo no conforto de casa. No futuro, haverá uma altura em que todos os lares terão uma impressora 3D em casa. Partiu uma chávena e agora já não tem de a ir comprar outra vez. Desenhe uma no seu computador e imprima-a. Esta tecnologia faz a ponte entre o mundo digital e o mundo físico. De facto, o futuro já está aqui e nós estamos a viver nele. As pessoas estão a fazer rins artificiais com impressoras 3D utilizando tecidos humanos como tinta (Bio-Ink). Esta tecnologia percorreu um longo caminho desde a sua utilização para testes comerciais nos anos 80 até ao consumidor (não comercial), que é muito acessível. Agora, chega uma altura em que as pessoas estão a utilizar esta tecnologia em todos os sectores, da educação à medicina, do automóvel ao aeroespacial, da moda à joalharia, etc. Em breve chegará o momento em que as pessoas começarão elas próprias a imprimir impressoras 3D. Compra-se uma impressora 3D e depois usa-se essa impressora para fazer várias cópias da mesma impressora.

A NASA está a utilizar esta tecnologia nos seus equipamentos espaciais. A NASA está a fazer experiências com os astronautas, que podem reparar partes danificadas da sua nave espacial ou das estações espaciais imprimindo as peças necessárias, o que é muito importante quando estão a meses de regressar à Terra. Em breve, qualquer pessoa com os conhecimentos adequados poderá começar a fazer experiências com tecnologia espacial no seu quintal. Muitos ficheiros prontos a imprimir estão disponíveis na Internet em sítios como **myminifactory.com**, que permitem aos utilizadores fazer experiências com esta tecnologia. No futuro, as pessoas poderão imprimir coisas fixes, como automóveis, a partir de casa. A tecnologia está a evoluir todos os dias. Estão a ser introduzidos materiais mais recentes. São desenvolvidas velocidades de fabrico mais rápidas. A combinação de diferentes tecnologias, como a nanotecnologia e a impressão 3D, pode provocar uma mudança fundamental na forma como vemos as coisas. Com esta tecnologia, não é necessário ser arquiteto para fazer edifícios, não é necessária qualquer especialização, basta um pouco de conhecimento sobre impressão. Perdeu ou partiu algo que não pode comprar, não precisa de se preocupar mais. Basta criar um modelo 3D ou descarregar o desenho da Internet a partir de sítios como **myminifactory.com.** Se tem uma ideia específica para um presente, desenhe-o e imprima-o. A impressão 3D abre caminho a designs incrivelmente personalizados, feitos à medida das suas necessidades. Agora não precisa de procurar um modelo específico por toda a cidade, basta desenhá-lo e imprimi-lo. Pode ser qualquer coisa, desde calçado a acessórios de moda ou electrodomésticos que se adaptem ao seu estilo de vida.

O futuro do mundo da medicina:

As impressoras 3D típicas criam camadas com cerca de 100 micrómetros de espessura. Mas algumas máquinas topo de gama podem imprimir até 16 micrómetros. Isto abre agora um novo mundo de oportunidades. Embora as impressoras 3D domésticas ainda não tenham estas capacidades, só as impressoras 3D comerciais podem ir tão longe. O fosso entre as impressoras 3D domésticas e as impressoras comerciais será em breve eliminado. Para ser mais preciso, uma célula bacteriana típica tem uma largura de 1 a 10 micrómetros. Esta nova dimensão abre a porta para que as moléculas sejam utilizadas como tinta. Este processo já foi testado em produtos farmacêuticos e produziu com sucesso um medicamento como o ibuprofeno. As moléculas minúsculas estão perfeitamente organizadas para criar o efeito desejado do medicamento. Atualmente, o principal desafio para os cientistas é criar estruturas 3D a partir de células; esta tecnologia é conhecida como Bio-Ink. Em vez de utilizar metais, plásticos, etc., as impressoras utilizam a bio-tinta para produzir tecidos. Imagine-se a produção de tecidos corporais a partir de impressoras 3D para reparar pele danificada ou mesmo substituir órgãos. Em vez de esperar por um dador de órgãos, os médicos poderão produzir o órgão inteiro a partir dos tecidos do doente com base na genética. Esta tecnologia não está longe. Já está a ser aplicada em feridas de queimaduras, em que a pele do doente é digitalizada com um scanner 3D e é criado um mapa personalizado da pele. Depois, a impressora coloca as células, uma camada de cada vez, até cobrir toda a área. Os órgãos ainda estão muito longe devido à complexidade envolvida no seu fabrico. Os médicos têm de ter em conta a rede vascular, as grandes dimensões e a sua interação com o corpo.

O próximo passo é a bioimpressão de tecido animal. Começa-se com carne crua, sabe-se que para comer aqui é igual a qualquer outro formato, é fabrico, tem-se uma impressora, alguns dados e material, mas neste caso o material são células vivas, as células estaminais são capazes de se replicar e de se cultivar vezes sem conta, por isso quer-se extrair o suficiente de um animal dador, por isso, conformam-se com a Bio-Ink, que pode ser colocada num cartucho de impressora 3D em camadas, sob a forma de um pedaço de carne. Estas células fundem-se e formam um tecido.

Tudo o que exigimos de uma carne é que tenha o aspeto e o sabor de um bocado que já esteve vivo. Mas apesar de ainda não estarmos no ponto de podermos imprimir um organismo vivo, a bioengenharia de tecidos de animais vivos utilizando a tecnologia de impressão 3D está definitivamente a acontecer.

As células estaminais humanas já foram utilizadas para produzir pedaços de tecido relativamente simples, como cartilagem e osso. Por enquanto, os investigadores da Universidade de Cornell estão a trabalhar incansavelmente para nos dar orelhas bio-humanas e outros da Universidade Wake Forest estão a desenvolver pele que pode ser impressa diretamente sobre a carne queimada. Devido a investigações como esta, alguns cientistas afirmam que a bioimpressão é o futuro dos transplantes de órgãos. Atualmente, se precisarmos de um rim ou de um coração, temos de esperar até que alguém esteja disponível e, depois, o que acontece é que o nosso corpo pode rejeitar completamente o novo órgão.

As impressoras 3D poderão em breve ser capazes de fabricar órgãos de substituição personalizados para cada pessoa a partir de uma mistura de células estaminais embrionárias e de células estaminais adultas do próprio doente. A diferença entre as células estaminais adultas e as células estaminais embrionárias é que as células estaminais adultas podem replicar-se no corpo para substituir as células que estão a morrer e regenerar tecidos danificados. As células estaminais embrionárias são pluripotentes, o que significa que podem transformar-se em quase todos os tipos de células do corpo. As células estaminais adultas são também mais difíceis de localizar no corpo, enquanto as células estaminais embrionárias podem ser cultivadas em laboratório a partir de uma linha ou grupo de células existentes.

Os investigadores depararam-se com alguns obstáculos difíceis de ultrapassar, como por exemplo a cartilagem impressa de forma horrível utilizada em procedimentos médicos, uma vez que não tem muita estrutura interna e vascularização. Depois de conseguirem a cartilagem, podem passar para o osso ou mesmo para o fígado e, finalmente, há obviamente um grande problema com a ligação do tecido bio-impresso ao tecido real. Por exemplo, como é que as ancas, que enchem os vasos sanguíneos, recebem o oxigénio? Este é o maior problema que a impressão enfrenta atualmente. No entanto, os investigadores prevêem uma altura em que qualquer pessoa saudável possa ir a um consultório médico e fazer uma ressonância magnética completa que registe a geometria de todo o seu corpo. Se se magoar no joelho e precisar de uma cartilagem nova ou de um coração novo, o médico pode colher algumas células estaminais do seu corpo, incubá-las e utilizar essas células misturadas com células estaminais embrionárias como material de enchimento. As células estaminais impressas em 3D podem mesmo ser utilizadas para fabricar modelos de tecido humano para testes de medicamentos, eliminando efetivamente a necessidade de testes em animais.

Conclusão

Há muito tempo que as pessoas fabricam ferramentas, jóias, utensílios de cozinha e ícones religiosos. Historicamente, se quisermos fabricar um objeto, como uma lança para caçar mamutes-lanosos, não é o momento em que pegamos numa estaca no Iraque e depois trabalhamos em ambas até termos um pau direito e uma ponta de lança suficientemente afiada para ferir um grande elefante peludo. É assim que sempre fabricámos coisas, porque era a tecnologia de que dispúnhamos.

A tecnologia de impressão 3D está a tornar realidade coisas que eram apenas uma mera imaginação há alguns anos atrás, como o termo FÁBRICA NA SUA MESA. E agora? **Impressão 4D?**

Ligações úteis

www.myminifactory.com-a Plataforma de impressão 3D

www.bothouniversity.com-leading universidade privada no Botswana que oferece programas de design de jóias

Printed by Books on Demand GmbH, Norderstedt / Germany